MÉMOIRE

INDIQUANT

LES ÉPOQUES MOIS PAR MOIS

AUXQUELLES

DOIVENT ÊTRE FAITS LES SEMIS DES PLANTES

DE DIVERSES FAMILLES

QUE L'ON PEUT SE PROCURER

CHEZ P^{re} ROUGIÉ SARRETE,

MARCHAND GRENETIER,

RUE DE ROME, N° 50, A MARSEILLE.

MARSEILLE,

Imprimerie de Léopold Mossy, dirigée par A. Prodhon, gérant
responsable, rue Grignan, 54.

1840.

MÉMOIRE

INDIQUANT

LES DIVERSES GRAINES ET OGNONS

QU'ON TROUVE

CHEZ P^{re} ROUGIÉ SARRETE.

MÉMOIRE

INDIQUANT

LES ÉPOQUES MOIS PAR MOIS

AUXQUELLES

DOIVENT ÊTRE FAITS LES SEMIS DES PLANTES

DE DIVERSES FAMILLES

QUE L'ON PEUT SE PROCURER

CHEZ Pre ROUGIÉ SARRETE,

MARCHAND GRENETIER,

RUE DE ROME, No 50, A MARSEILLE.

MARSEILLE,
Imprimerie de Léopold Mossy, dirigée par A. Prodhon, gérant
responsable, rue Grignan, 54.

1840.

240 à 250 kilogrammes de graine par hectare, ou un hectolitre et demi.

***

Ers. L'Ers, sans être élevé, ne laisse pas d'être fourrageux et produit surtout beaucoup de graine que l'on donne aux pigeons, mais avec ménagement, parce qu'elle les échauffe. L'Ers, enfoui en fleurs, passe pour l'engrais végétal le plus efficace ; il peut être semé en automne ainsi qu'au printemps.

***

Lupin Blanc. Cette plante, enfouie dans la terre pendant la floraison, procure un excellent engrais. Sa graine, macérée dans l'eau, est un bon aliment pour les bœufs. La plante, encore jeune, est employée en pâturage pour les moutons. L'avantage de cette plante est de prospérer sur de très mauvaises terres.

On sème en mars et avril. 125 à 130 kilogrammes de graine par hectare.

***

Lupuline ou Minette. Cette plante a l'avantage de réussir sur les terres sèches et de médiocre qualité ; elle est bisannuelle, son fourrage est fin et de bonne qualité, et presque sans danger pour les bestiaux.

précocité et de facilité à repousser , qu'il a été davantage brouté par les bestiaux dont la dent et le piétinement ne font que fortifier sa plante. La qualité nourrissante de cette plante , reconnue par l'expérience , l'a faite placer parmi les fourrages les plus estimés , d'autant plus qu'elle vient partout , même dans les terrains secs et brûlants.

Les grandes chaleurs de l'été semblent faire périr cette plante , mais les premières pluies de septembre la font repousser promptement.

On sème ordinairement en automne et au printemps , et dans les terrains arrosés on peut semer toute l'année , 5o à 55 kilogrammes de graine par hectare , et le double quand c'est pour gazon.

Gesse cultivée. Ce fourrage annuel est excellent pour les moutons , surtout ; il est moins échauffant que la Vesce. La Gesse réussit facilement sur des terres , soit fortes , soit légères , pourvu qu'elles ne soient pas humides. Quand on la récolte , sa graine sert à faire de bonnes purées.

On sème en février , mars et avril.

Fromental ou Ray-Grass de France. Tous les agriculteurs connaissent les grands avantages que produit cette plante ; elle doit être mêlée un peu avec du grand trèfle.

On le sème ordinairement en automne et au printemps 110 à 112 kil. de graine par hectare.

Ray-Grass d'Italie. Il ne prospère pas dans tous les terrains, comme on l'avait annoncé, mais il est d'un très grand produit dans une terre fraîche et humide ; il est surtout remarquable par son extrême précocité et la promptitude avec laquelle il repousse après avoir été fauchée, mêlée avec le Fromental dans la proportion de 20 kilogrammes par hectare ; la prairie rend alors, dès la première année, de deux à trois coupes.

On sème ordinairement au printemps et en automne 50 kilogrammes de graine par hectare.

Ray-Grass d'Angleterre. Dans le Midi de la France on ne l'apprécie que pour former de beaux gazons d'agrément. Sa graine, étant mêlée avec celle du Trèfle blanc, donne un fourrage qui a d'autant plus de

GRANDES CULTURES.

ESPÈCES

DES

PLANTES A FOURRAGES

DE DIVERSES FAMILLES.

Dactyle pelotonné. Quoique le foin de cette plante ne soit pas de première qualité, parce que les tiges en sont grosses et qu'elles durcissent promptement, cependant lorsqu'elle est employée convenablement, c'est-à-dire quand on la coupe en vert de bonne heure, elle fournit des produits abondants, car elle repousse et se maintient mieux que presqu'aucune autre graminée ; ces considérations doivent la rendre recommandable aux cultivateurs. Elle réussit sur des terrains secs.

On sème au printemps et en automne. 40 à 45 kil. de graine par hectare.

Trèfle blanc de Hollande. Cette espèce est vivace et particulièrement propre au pâturage des moutons. Le Trèfle blanc résiste bien dans les terres sèches et légères ; on l'emploie fréquemment et avec beaucoup d'avantage pour former des tapis de verdure avec le Ray-Grass d'Angleterre.

Environ 12 à 14 kilogrammes de graine par hectare. On sème depuis février jusqu'à fin avril.

Vesce d'hiver et Vesce du printemps. Très bon fourrage annuel, propre à utiliser les jachères. Un de ses principaux avantages est de pouvoir être semé jusqu'à la fin avril sur des terres fortes et fraîches ; il existe deux variétés principales de Vesces : celle du printemps, qui se sème de janvier en avril, et celle d'hiver, qui se sème en automne. L'une et l'autre aiment les bonnes terres, plutôt fortes que légères. La grande humidité de certains hivers exposent la Vesce d'hiver à périr, il convient mieux de l'ensemencer dans un terrain léger et sec. On coupe le fourrage quand il est en fleur ou après son entière maturité, si l'on tient plus à la graine qu'au fourrage.

La quantité ordinaire de semence est

Trèfle commun ou grand Trèfle de Hollande.

On apprécie partout les grands avantages de sa culture. Cette plante se sème presque toujours avec les céréales du printemps ou sur le Blé, le Seigle, l'Orge ou l'Avoine. Le Trèfle aime les terrains frais et profonds ; il réussit assez bien sur le sol argileux convenablement amené, et assez bien sur ceux de nature sabloneuse pourvu que le fonds n'en soit pas brûlant.

On le sème au printemps et en automne. 16 à 18 kilogrammes de graine par hectare. La graine de cette plante étant fine, on ne doit la couvrir que légèrement.

Trèfle incarnat ou farouche.

Quoique le fourrage de cette plante soit annuel, cependant il est peu d'espèces qui puissent rendre d'aussi grands services à l'Agriculture, attendu que, presque sans frais, sans soins, il a l'avantage de réussir dans les plus mauvais terrains. Sa plante aime à trouver un fond ferme et un sol léger qui ne soit pas infecté de mauvaises herbes. Le mieux est de ne pas labourer après la récolte des céréales, on doit semer à la volée et gratter ensuite la surface de la terre.

On sème en juillet jusqu'à la fin septembre. 23 à 25 kil. de graine par hectare.

Pois gris. Fourrage très estimé, particulièrement pour les moutons ; c'est une plante annuelle, d'une végétation rapide, propre, ainsi que la Vesce, à être semée sur les jachères. Les terres à Froment peu humides conviennent le mieux aux Pois gris. On les coupe quelquefois en fleur, mais plus souvent quand la plus grande partie des cosses est formée. On les fait sécher ensuite pour l'hiver.

On doit semer le Pois gris en février et mars, 26 à 28 décalitres de semence par hectare.

Sainfoin ou Esparcette. C'est un fourage d'un grand produit ; il réussit dans les terrains calcaires, même de mauvaise qualité. Lorsque l'on destine une prairie de Sainfoin à être fauchée et qu'on veut entretenir sa durée le plus long-temps possible, on doit éviter de faire pâturer le regrain, surtout dans les premières années. Si, au contraire, on le sème exprès sur du mauvais terrain, pour pâturages des bêtes à laine, alors il dure peu, mais il est d'une grande ressource.

On sème au printemps et en automne. 45 à 50 décalitres de graine par hectare.

Au reste, le pâturage de la Lupuline, pour les moutons, est peut-être encore plus avantageux que sa conversion en foin.

Semer en février et mars 15 à 16 kilogrammes de graine par hectare.

Luzerne. Tous les agriculteurs connaissent en général les grands avantages de cette plante, qui est sans contredit une des plus productives ; elle demande une terre saine et profonde, car plus les racines de cette plante trouveront de profondeur, plus on obtiendra d'abondants fourrages. Il est aussi reconnu que la Luzerne réussit parfaitement dans les terres peu profondes et d'une médiocre fertilité, mais pas avec autant d'avantage.

On emploie ordinairement 23 à 25 kilogrammes de cette graine par hectare. Pour bien ensemencer une Luzernière, cette graine étant fine, il convient de la mêler avec du sable, ainsi que toute autre graine fine de ce genre.

Semer en septembre et octobre, même répétition en mars et avril.

de 22 à 25 doubles décalitres de graine par hectare.

Il est bon de semer avec les Vesces un peu d'Avoine ou de Seigle. Cette pratique est très utile, parceque les Vesces sont très disposées à se coucher.

La quantité de semence à employer par hectare est sujette à de grandes variations.

Chicorée Sauvage. C'est un fourrage très productif et précoce. Fauchée en vert, la Chicorée sauvage est une excellente nourriture pour les vaches laitières et surtout pour les cochons. Cependant il est convenable de ne pas la donner seule aux vaches. Cette plante a l'avantage de réussir avec les plus fortes sécheresses. Les terres argileuses ou de consistance moyenne sont celles qui lui conviennent le mieux ; elle convient aussi pour le pâturage des moutons.

On sème à la volée, 12 ou 15 kil. de graine par hectare ; elle demande à être enterrée peu profond. Semer au printemps et en automne.

Betterave champêtre. Les grands avantages que procure la culture de cette plante, pour la nourriture des bestiaux, sont compris maintenant de la plupart des agriculteurs. On lit dans le *Calendrier du bon cultivateur* de M. de Dombasle, à l'article des produits de cette plante et de celle de la Carotte , que sur un sol de fertilité suffisante pour produire communément 15 à 18 hectolitres de Froment par hectare, on peut, à l'aide d'une culture soignée, obtenir en moyenne vingt-cinq mille kilogrammes de Betteraves et à peu près autant de Carottes ; mais sur des sols d'une très haute fertilité , on peut obtenir fréquemment des produits doubles et même triples de cette quantité.

On sème au printemps à raison de 5 kilogrammes par hectare.

Betteraves à Sucre. Cette qualité est cultivée plus particulièrement pour l'extraction du Sucre. Quelques agriculteurs la préfèrent aussi pour la nourriture du bétail. Elle est aussi rustique, aussi productive que la Betterave champêtre. En outre , elle a l'avantage d'être moins sensible à la gelée et de craindre moins la sécheresse, parce que les racines s'enfoncent plus profondément.

Semer en mars et avril. 5 à 6 kilogr. de graine par hectare.

Carottes blanches à collet vert. C'est de toutes les qualités de Carottes dites Pastenades la plus propre à la grande culture ; elle est d'un aussi grand produit que la Betterave champêtre et offre le précieux avantage d'être une excellente nourriture pour les chevaux. Elle convient aussi à toute espèce de bétail.

Semer en place au printemps. 5 à 6 kilogrammes de graine par hectare.

Son avantage est de pouvoir très bien se passer d'être fumée, mais elle demande une terre légère par un bon labour.

Raifort champêtre. Cette plante est très cultivée dans le département de l'Ardèche pour la nourriture des vaches.

On la sème au printemps et en automne ; elle réussit très bien dans les terres légères et pauvres. 5 à 6 kilogrammes de graine par hectare.

Moutarde. La Moutarde est cultivée pour la récolte de sa graine, avec laquelle on fait la Moutarde. On la sème aussi, surtout la blanche, comme pour fourrage, pour fournir du vert aux vaches à la fin de l'été. On peut la semer de nouveau au printemps : on choisit une bonne terre fraîche et profonde.

On sème un peu clair. 10 à 12 kilogr. de graine par hectare.

***

Navette. La Navette peut servir de fourrrage, en la semant sur les chaumes après la moisson, à raison d'environ 10 à 12 kilog. de graine par hectare. Les terres légères, sabloneuse (cependant fraîches), sont celles qui conviennent le mieux à cette plante.

On la sème à la volée en juin et juillet jusqu'à la fin septembre.

***

Chou Colza. C'est principalement pour l'huile que l'on récolte de sa graine, qui est un grand objet de commerce en Flandre et en Belgique, que le Colza est cultivé ; mais il sert aussi comme fourrage. Le Chou Colza se sème en juillet, août et septembre ; le Colza de mars ne se sème qu'en mars et avril, de 5 à 6 kilogram- de graine par hectare.

***

Pimprenelle. Le grand mérite de cette plante est de fournir d'excellentes pâtures sur les terres les plus pauvres et sèches, soit sabloneuses, soit calcaires. Elle réussit aux plus fortes sécheresses et aux plus grands froids ; elle offre surtout une ressource très précieuse en hiver pour la nourriture des troupeaux : son fourrage, vert, convient à tous les animaux.

L'époque ordinaire des semis est en automne et au printemps. 35 à 40 kilogrammes de graine par hectare.

Maïs ou Blé de Turquie. Dans les parties septentrionales de la France, cette plante est considérée uniquement comme fourrage et sans aucune vue sur la récolte de son grain. En semant tous les 15 ou vingt jours, depuis le 15 mars jusqu'à la fin mai, dans des terres arrosables on peut se procurer facilement, pendant 3 ou 4 mois, une abondance du meilleur fourrage vert.

On doit semer en ligne à la distance de de 25 à 30 pouces l'un de l'autre ; on met deux ou trois grains ensemble à la distance d'un pied l'un de l'autre sur toute la longueur de la ligne ; on recouvre légèrement, parceque ce grain pourrit très facilement ; il faut pour cela que la terre soit bien fumée. On a soin d'entretenir le terrain parfaitement propre ; par ce moyen on obtiendra un blé excellent.

Le Maïs quarentin et le Maïs à poulet, à cause de la petitesse de leur épis , sont des qualités préférées pour confire en cornichons. 5o à 55 kilog. de gros Maïs doivent suffire pour ensemencer une hectare.

Spergule. Fourrage annuel , particulièrement propre aux sables frais. En général cette plante s'élève peu et convient mieux pour pâture que pour faucher. Cependant on la fauche souvent ; aussi elle s'emploie principalement à la nourriture des vaches laitières. Celles qui en sont nourries produisent un beurre d'une qualité supérieure.

La Spergule convient également très bien comme engrais à enterrer en vert dans les endroits où le transport du fumier serait trop coûteux.

On sème après le blé , quelquefois au printemps. 12 à 15 kilogrammes de graine par hectare.

Blé noir ou Sarrasin. Le Sarrasin est une récolte pour les sols pauvres et montagneux. Son grain , qui sert dans quelques cantons à la nourriture de l'homme , convient beaucoup pour la volaille et les pigeons ; il est excellent pour l'engrais des cochons et bon pour les chevaux ; ses fleurs fournisssent une abondante pâture aux abeilles. Cette plante, fauchée en fleurs, est regardée comme un des meilleurs engrais végétaux en l'enterrant à la charrue.

On sème depuis le commencement de mai jusqu'à fin juillet dans une terre parfaitement ameublie. Environ un hectolitre de graine pour ensemencer un hectare.

Sorgho ou gros Millet. Son grain ne peut convenir qu'à la nourriture de la volaille; mais il est reconnu qu'on peut employer avantageusement cette plante comme fourrage vert. Le sol qui convient au millet est à peu près le même que celui qui convient au Maïs.

On le sème depuis le quinze mars jusqu'à la fin juin. 45 à 5o kilogrammes de graine pour ensemencer une hectare.

Garance. Cette plante aime une terre sabloneuse, légère, préparée par de bons et profonds labours. Il faut lui consacrer des engrais abondants, tant au moment de la plantation que dans le cours de l'année suivante ; le terrain étant préparé, on le divise en planches de 4 à 5 pieds de large.

On sème à la volée et très clair, depuis le commencement de mars jusqu'à la fin de mai, ou mieux, par rayon en ligne à la distance de quinze à dix-huit pouces ; on tient le sol parfaitement net de mauvaises herbes par de fréquents binages lorsque les plantes grandissent ; il convient de chausser la Garance l'année suivante ; on continue toujours la même opération. La terre doit être mêlée avec du fumier.

Il faut de 45 à 5o kilogrammes de graine pour ensemencer un hectare.

GRANDE CULTURE.

L'Evaluation de la quantité de graines qu'il faut pour ensemencer un hectare, se trouve placée à la première colonne; la deuxième colonne fait connaître la quantité de graines suffisante qu'on doit employer pour ensemencer une carterée, c'est-à-dire, qu'une carterée est évaluée au cinquième d'un hectare.

NOMS.	Quantité de semen. à employ. par hectare.	Quantité de semen. à employ. par carterée.	ÉPOQUE DES SEMIS.
	kilogram.	livres.	
Dactyle pelotonné...	40 à 43	18 à 20	Au printemps et en automne.
Fromᵗ Ray-Gr. de Fr.	110 à 112	58 à 60	Id. Id.
Ray-Grass d'Italie...	50 à 55	25 à 30	Id. Id.
Ray-Grass d'Anglet.	50 à 55	24 à 30	Id. Id.
Jonc marin	18 à 20	10 à 12	Id. Id.
Gesse cultivée......	1 heᵗʳᵉ	2 déc.	De février à fin avril.
Ers	188 à 190	90 à 95	Au printemps et en automne.
Lupin blanc.........	125 à 130	90 à 95	Mars et avril.
Lupuline	18 à20	10 à 12	Février et mars.

NOMS.	Quantité de semen. à employ. par hectare.	Quantité de semen. à em. loy. aar carterée.	ÉPOQUE DES SEMIS
	kilogram.	livres.	
Luzerne............	20 à 25	14 à 15	Septembre et oct., mars et avr.
Pois gris	26à28 déc	5 à 6 déc.	Février et mars.
Sainfoin Esparcette.	45à50 déc	9 à 10	Au printemps et en automne.
Trèfle com. grand Tr.	16 à 18	10 à 11	Au print. et au com. de l'aut.
Trèfle incarn[t] ou far.	22 à 25	15 à 16	De juillet jusqu'à la fin de sept.
Trèfle blanc de Holl.	12 à 13	7 à 8	De février jusqu'à la fin d'avril.
Vesce d'hiv. et de pr.	188 à 190	90 à 95	Au printemps et en automne.
Chicorée sauvage....	12 à 14	7 à 8	Id. Id.
Betteraves champêt.	5 à 6	3 à 4	En mars et avril.
Betteraves à sucre...	5 à 6	3 à 4	Id. Id.
Carottes bl. à col[t] v[t].	5 à 6	3 à 4	Au printemps.
Raifort champêtre...	4 à 5	3 à 3 ½	En automne et au printemps.
Moutarde..........	9 à 10	5 à 6	Mars, avril et septembre.
Navette	9 à 10	5 à 6	Juin et juillet.
Chou Colza........	5 à 6	3 à 4	Juillet, août et septembre.
Chou Nav[t], Ch. Tur[s].	2 ½ à 3	1 ½ à 2	Mars et avril.
Pimprenelle........	35 à 40	20 à 25	Au printemps et en automne.
Maïs de Turquie....	50 à 55	25 à 30	Du 15 mars jusqu'à la fin mai.
Maïs à Poulet	170 à 175	85 à 90	Id. id.
Maïs quarantin	200	100	Id. id.
Spergule..........	12 à 15	7 à 8	Février, mars et juillet.
Sarrasin (blé noir)...	45 à 50	25 à 30	Dep. le 1er mai jusqu'à fin juillet.
Sorgho (gros Millet).	20 à 25	12 à 15	Du 15 mars jusqu'à la fin de juin.
Garance...........	40 à 45	20 à 25	De mars jusqu'à la fin de mai.

GRAINES

DE

PLANTES POTAGÈRES.

Asperge. On sème les graines d'asperge de deux manières, qu'on répand à la volée ou en rayons. Semer très clair, ensuite on recouvre d'environ un doigt de terreau bien consommé, mêlé avec du sable. Les semis se font depuis février et se prolongent jusqu'à fin mars. Pendant l'hiver on recouvre les racines d'environ 3 pouces de bon terreau.

Blette ou Belle Dame. On sème ordinairement la Blette par rayons, tous les 15 jours, depuis le commencement de février jusqu'à la fin de mars.

mauvaises herbes qui croissent naturelle-
ment dans les planches. Cette opération
est très essentielle si l'on veut obtenir
de belles Carottes.

Céleri rouge. Se sème depuis le mois d'octobre
jusqu'en décembre, dans un endroit bien
exposé et contre un mur, sous chassis,
pour leur première semence d'hiver. Le
Céleri plein blanc se sème depuis janvier
jusqu'à la fin d'avril. Toutes les espèces
de Céleri doivent être semées pendant
la pleine lune, pour être ensuite transplantées aux endroits que l'on désire.

On sème le Céleri à couper en place
et par rayons. Cette graine doit être
recouverte très légèrement et avec du
terreau très fin.

Cerfeuil. Le Cerfeuil peut être semé toute
l'année par planches ou par rayons. Comme
cette plante dure peu et monte promptement en graine, il convient de la
semer à l'ombre dans l'été. On couvre
peu cette graine.

Chicorée sauvage. On doit semer la Chicorée sauvage, appelée *Barbe de Capucin*, tous les 15 jours, depuis le 1er janvier jusqu'à la fin de décembre. Cette plante demande un arrosage fréquent, ainsi que la Chicorée à café.

On sème par planches ou par rayons. Les terres fortes conviennent à cette plante.

Chicorée frisée. Les premières semences de Chicorée se font pendant la pleine lune de mars, en vaseau, pour les éclaircir et les laisser sur place quand elles ont à peu près quatre ou cinq feuilles, à la distance d'un pied au carré; on peut en semer jusqu'à la mi-septembre pour les répiquer dans les endroits que l'on désire.

La Chicorée scarole se sème depuis juillet jusqu'en septembre ; il faut la transplanter.

Chou cabus précoce. Se sème en décembre et janvier, tandis que les autres qualités de gros Chou cabus d'été se sèment depuis février jusqu'au 15 juin. Le Chou cabus d'hiver se séme de juin à août. Le CHOU-FLEUR se sème pendant la pleine lune de mars et d'avril, pour les primeurs, et ensuite en mai et juin pour les derniers. Le Chou-fleur de carême se sème en juin et juillet, ainsi que le Chou brocoli. Le Chou d'York se sème en août et septembre. On sème le Chou navet et plusieurs autres espèces de Chou depuis le mois de février jusqu'au mois d'août. Tous les Choux doivent être semés pendant la pleine lune, dans une bonne exposition, pour être ensuite repiqués. Cette plante demande beaucoup d'engrais et des arrosements fréquents.

Ciboule. Se sème depuis janvier jusqu'à la fin août dans une terre légère ; ensuite on la transplante pour bordure, à la distance de 4 à 5 pouces l'un de l'autre, en ayant soin de mettre deux ou trois pieds ensemble.

On multiplie également la Ciboule par cayeux.

Concombre et Cornichon. Se sèment sur couche pour les primeurs en février et mars.

On peut semer en pleine terre et en
place, vers la fin de mars jusqu'à la fin
de mai. Cette plante demande beaucoup
d'engrais.

Courges de toutes espèces. On peut semer les
Courges sur couche depuis le 15 février
jusqu'à la fin mars ; leurs semis en pleine
terre se font depuis le 15 mars jusqu'à
la fin de mai ; on doit avoir soin de
faire des trous qu'on remplit de bon
fumier et qu'on recouvre avec du terreau.
Trois graines suffisent dans chaque trou,
ainsi que pour les Concombres et Cornichons.

Cresson de fontaine. On sème ordinairement
le Cresson de fontaine sur le bord des
eaux courantes, où il s'étend par ses
racines traçantes.

Le semis se fait au printemps ; on
peut semer aussi dans des baquets qu'on
remplit à moitié de terre, on y sème
de la graine que l'on recouvre d'eau
qu'on renouvelle de temps en temps pour
l'empêcher de se corrompre.

Cresson Alenoi. La véritabble époque de semer le Cresson Alenoi est en automne; quoique l'on puisse le semer tous les 15 jours, à cause que cette plante dure peu et monte promptement en graine, dans le courant de l'été, ce qui oblige à le semer à l'ombre, soit par planches ou par rayons.

———

Epinards. On sème les Epinards depuis le 1er août jusqu'à la fin mai. Cette plante demande beaucoup d'engrais.

Les semis d'automne se font par planches ainsi que ceux d'hiver, et les semis du printemps se font à l'ombre par rayons.

———

Fèves. Se sément depuis octobre jusqu'en mars.

Les semis se font en rayons ou par touffes, en mettant trois ou quatre Fèves par trou, à la distance d'environ un pied l'un de l'autre.

———

Fraisier. La plus grande partie des Fraisiers se multiplie par le coulant qui produit une quantité de petits Fraisiers qui servent à multiplier, ou par éclat.

On peut semer de la graine de Fraisier

depuis le commencement de mars jusqu'en juillet. On doit la semer dans une terre très légère. Avant de faire son semis, on aura soin d'arroser avec un arrosoir à pomme fine, on sémera de suite sur cette terre humide ; ensuite on étendra par-dessus une demi ligne de bonne terre de bruyère, la plus fine possible ; on continuera un arrosement fréquent et léger.

Gombaud. Le Gombaud se sème sous chassis dans le mois de janvier et février. On peut le semer en place depuis mars jusqu'à fin mai. Cette plante demande une terre bien fumée et un arrosage fréquent.

Haricot. Le Quarentin se sème depuis le 1er mars jusqu'à la fin de mai.

Haricot gourmand. Se sème depuis le 15 avril jusqu'à la fin de juin.

Haricot Bouquetier dit Canieu. Se sème depuis mai jusqu'au 15 août.

Haricot noir. Il faut le semer depuis le 15 mars jusqu'à la fin avril.

On peut semer par ligne ou par touffe en mettant 5 ou 6 grains dans chaque trou.

Laitues longues d'été. Sémer depuis septembre jusqu'en juillet ; on peut sémer dans un vaseau à une bonne exposition contre un mur, c'est-à-dire qu'on doit retarder ou avancer leur semis selon que la saison sera plus ou moins hâtive. On les laisse grossir de cette manière sur place ; quand ils ont à peu près quatre ou cinq feuilles on doit les repiquer à l'endroit où l'on désire , mais toujours à une bonne exposition.

Laitues longues d'hiver. Semer en septembre.

Laitues rondes dites Hollandaises. Doivent être semées du 15 octobre au 15 août.

Laitue rougette d'hiver. Du 15 août jusqu'à la fin octobre.

La Laitue à couper se sème en place et par rayons.

Mâche. On sème la Mâche par rayons ou à la volée depuis le 1ᵉʳ août jusqu'à la fin du mois de septembre. On doit recouvrir très légérement cette graine.

Melon. On peut semer les Melons de toute espèce dans de petits pots sur couche et sous chassis , depuis la fin de janvier jusqu'au 15 mars , pour être ensuite transplantées et mises en place lorsqu'on n'aura plus rien à craindre pour les gelées.

Leurs semis en pleine terre se font depuis le 15 mars jusqu'à la fin mai , de la même manière qui est annoncée à l'article des Courges.

Melongène ou Aubergine. On sème les Aubergines depuis janvier jusqu'en mars , sur couches et sous chassis ; on peut en ressemer en plein champ , contre un mur, dans un bon terreau , depuis le commencement de mars jusqu'au 15 mai ; on les laisse grossir de cette manière sur place ; quand elles ont à peu près 3 ou 4 feuilles on doit les repiquer dans un terrain bien fumé et toujours à une bonne exposition.

Moutarde. La graine de Moutarde se sème très claire à la volée , depuis le 15 février jusqu'en mars. Une bonne terre bien préparée avec du bon fumier , bien consommé , convient beaucoup à cette plante.

Navets. On sème les Navets depuis juillet jusqu'à la fin d'août. On peut encore, pour avoir des Navets d'été, semer des espèces hâtives que l'on met en terre depuis le 15 février jusqu'à fin avril. Mais alors ils sont fort sujets à monter en graine. Dans ce dernier cas il ne faut employer que de vieille graine pour cette sorte de semis. Ce sont les Navets tendres des vertus et les plats hâtifs blancs et rouges qu'on doit choisir pour l'arrière saison.

Une terre légère convient parfaitement aux Navets.

Oignon blanc. On le sème depuis le 15 juillet jusqu'au 15 septembre, dans un vaseau qu'on a le soin de préparer d'avance par deux labours. On doit bien applanir la surface de la terre avant de répandre la graine, après quoi on recouvrira d'une légère couche de terreau ; il faut avoir soin de jeter sur le semis de la litière un petit arrosement fréquent et utile pour aider la germinaison.

L'Oignon rouge se sème depuis le 15 août jusqu'à la fin de septembre, de la même manière que le précédent.

Oseille. On sème l'Oseille en planches ou en bordure , depuis le 1er février jusqu'à la fin de septembre ; on peut aussi multiplier l'Oseille par l'éclat des pieds ; elle vient assez bien sur toutes sortes de terres , pourvu qu'elles ne soient ni trop sèches ni trop humides.

Cette graine ne demande pas à être beaucoup enterrée.

Pastèques. Les Pastèques se-sèment de la même manière et à la même époque qui est annoncée à l'article des Melons.

L'époque la plus favorable pour semer les Pastèques est en mars et avril , en mettant 3 ou 4 graines dans le même trou.

Persil. Se sème depuis le 1er février jusqu'à la fin d'octobre , en planches ou par rayons.

Les semis d'automne se font contre un mur, au midi. On recouvre cette graine avec très peu de terre.

Piment ou Poivron de toutes espèces. Les premières semences se font depuis le commencement de février jusqu'à la fin de mars, sur couches et sous châssis, pour être ensuite transplantées. Lorsqu'on n'aura plus rien à craindre des gelées, on peut continuer d'en semer sur terreaux dans le mois d'avril, à une bonne exposition, pour être ensuite transplanté dans le courant du mois de mai et de juin.

Pimprenelle , fourniture de salade. On la sème ordinairement en bordures , au printemps et en automne.

Porreau. On sème le Porreau par planches, depuis février jusqu'à la fin de juillet. Lorsque les plants ont acquis la grosseur d'un tuyau de plume , on les replante en ligne, à la distance d'un pied l'un de l'autre et à 2 pouces environs de distance dans la ligne , sur 3 à 4 pouces de profondeur. On doit couper l'extrémité des feuilles et des racines. On saisit un temps pluvieux et couvert pour cette plantation.

Pois de toutes espèces. Se sèment depuis la mi-septembre jusqu'à la fin de février pour les primeurs ; on doit semer contre un mur, à une bonne exposition, les Michaux de Paris et le nain hâtif, et en plein champ pour les derniers. On peut continuer de semer les Pois Clamart jusqu'à fin juin.

Pomme de terre. On plante les tubercules de Pomme de terre depuis janvier jusqu'en mai ; on pourrait mettre sur chaque trou et sur terre une petite masse de litière pour préserver les pousses en cas de gelée.

Pomme d'Amour. Les premières semences de Pomme d'Amour se font en décembre jusqu'en février, sur couche et sous châssis ; on les laisse grossir de cette manière ; lorsqu'elles ont atteint la grosseur d'un tuyau de plume, alors elles doivent être repiquées dans de petits pots ou en pépinière, sous châssis, pour être ensuite mis en plein champ dans le commencement de mars, lorsque les gelées ne sont plus à craindre ; on peut continuer d'en semer en plein champ, dans une bonne exposition, contre un mur, depuis mars jusqu'à la fin d'avril.

Raiponce. On sème dans les mois de mai et de juin, dans un endroit bien ombragé ; on recouvre cette graine très légèrement de terreau fin ; on doit bassiner souvent avec un arrosoir à trous fins.

Raves et Radis. Se sèment depuis février jusqu'à la fin d'octobre. Le gros blanc doit être semé très clair, ainsi que le gros noir, depuis juin jusqu'à la fin septembre.

Roquette. Se sème au printemps et en automne, par planches ou par rayons.

Salsifis et Scorsonère. Cette plante demande une terre labourée profondément, bien ameublie, et qui n'ait pas été nouvellement fumée ; elle demande un arrosage fréquent, afin d'éviter que la graine se dessèche.

On sème depuis le 1er janvier jusqu'à fin avril.

Sariette des jardins. Se sème au printemps. On l'emploie en cuisine pour assaisonnement, cette plante ayant beaucoup de rapport avec le Thym.

GRAINES

DE

PLANTES A FLEURS

ET FRUITS D'AGRÉMENT.

DISTINCTION.

Les espèces de plantes annuelles sont désignées par la lettre A, celles bisannuelles par la lettre B, les espèces vivaces fleurissant ordinairement la 1re année par les deux lettres VF, et les vivaces par la lettre V. On doit semer sur place, c'est-à-dire par touffes ou par bordures, toutes celles qui sont marquées à la première colonne par les lettres PC et les espèces rampantes par les lettres PG de la même colonne.

		NATURE DES PLANTES.		ÉPOQUE à laquelle doivent avoir lieu leurs semis.
PC		Adonide d'été.......	A	Depuis septembre jusqu'en mai.
		Aconit ou Napel.....	V	Sem. en aut., même rép. au pr.
	F	Amaranthe.........	A	Mars, avril, mai et fin juin.
		Ancolie variée......	V	7bre, 8bre, 9bre, ens. fév., mars, av.
		Anthémis d'Arabie..	A	Oct., nov., ens. mars et fin avril.
		Athanasie annuelle..	A	Février, mars et fin avril.
	F	Baguenoder d'Ethyop	VF	Février, mars, avril et fin mai.

		NATURE DES PLANTES.		ÉPOQUE à laquelle doivent avoir lieu leurs semis.
	F	Balisier	VF	Février, mars, avril et fin mai.
	F	Balsamine..........	A	Février à fin juin.
	F	Basilic	A	Id.
	F	Belle de nuit........	VF	Id.
		Bénoite écarlate.....	VF	Sept., oct., ens. mars à fin juin.
		Cacalie écarlate.....	A	Depuis février jusqu'à fin mai.
		Campanule	B	Sept., nov. et février à fin avril.
	F	Capucine variée.....	A	De fév. jusqu'à fin août.
	F	Carthame (Safr. bât.)	A	De mars jusqu'en mai.
	F	Casse de Maryland..	V	Sept. et oct. et de fév. à fin avr.
	F	Centaurée variée....	A	Depuis févr. jusqu'à la fin mai.
		Chrysanthème.......	A	Sept., oct., et de fev. à fin avril.
PC		Clarkie variée.......	A	Depuis février jusqu'en mai.
		Clématite..........	V	Sitôt la maturité de la graine.
	F	Cobée.·............	VF	Dep. 7bre jusq. 9bre et de fer à f.j.
PC		Coquelicot..........	A	Depuis sept. à fin février.
		Coquelourde........	V	7bre au 15 Xbre et de fév. à fin av.
		Coréopsis élégant...	A	Id. id.
	F	Cosmos Bipinué.....	A	De février à la fin de mai.
PC		Crespis variée......	A	De septembre à la fin mars.
		Cupidone bleue.....	V	Id. id.
		Cynoglosse à fes delin	A	id. id.
PC		Courges variées.....	A	De février à la fin avril.
	F	Dahlias variés.......	VF	De janvier à la fin d'avril.
	F	Datura.............	A	De février à la fin de mai.
		Digitale............	V	De septembre à la fin d'avril.
		Enothère jaune odor.	B	De février jusqu'à la fin d'avril.
		Fraxinelle..........	V	De mars jusqu'à la fin d'avril.
		Gaillarde...........	V	De mars jusqu'à la fin de mai.
		Gaura biennis.......	VF	De février à la fin d'avril.
	F	Géranium	V	Au printemps et en automne.

		NATURE DES PLANTES.		ÉPOQUE à laquelle doivent avoir lieu leurs semis.
PG		Gesse ou Pois fleur...	A	Depuis la fin sept. à la fin mars.
PC		Giroflée de Mahon...	A	Depuis sept. jusqu'en juin:
		Gélie.............	A	De janvier jusqu'à la fin d'avril.
	F	Giroflée quarantain..	AVF	Peuvent être semées toute l'an.
		Glaciale..........	B	De mars jusqu'à fin mai.
PG		Haricot d'Espagne..	A	Du 15 mars jusqu'à la fin juin.
	F	Héliotrope du Pérou.	VF	Au printemps et en automne.
	F	Immortelle variée...	B	Depuis février jusqu'à fin mai.
PG		Ipomée ou Liseron..	A	Depuis mars à la fin juin.
		Ketmie vésiculeuse..	A	De février à la fin de mai.
		Lavatère..........	A	De septembre jusqu'à la fin avr.
		Lin vivace.........	V	Id. id.
PC		Liseron tricolor.....	A	Id. id.
	F	Lunaire	A	De février à la fin mai.
		Mélopes à trois lobes	A	Id. id.
		Matricaire.........	B	Depuis août jusqu'à la fin avril.
		Mauve en arbre.....	V	Id. id.
PC		Melilot du Pérou....	A	De septembre à la fin mars.
		Molène purpurine...	V	Id. id.
PC		Mufle de v. ou p. M..	B	Id. id.
PC		Nigelle variée.......	A	Id. id.
		OEillet varié........	B	Id. id.
PC		Pavot..............	A	Id. id.
	F	Persicaire	A	De février jusqu'à la fin mai.
	F	Pervenche.........	VF	De février jusqu'à la fin juin.
		Petunia	VF	Au printemps et en automne.
PC		Pied-d'alouette.....	A	De septembre à la fin mars.
		Primevère.........	V	En automne.
		Pensées assorties....	B	De septembre à la fin mars.
PC	F	Réséda............	B	Toute l'année.

		NATURE DES PLANTES.		ÉPOQUE à laquelle doivent avoir lieu leurs semis.
	F	Reine Marguerite...	A	De février à la fin de mai.
		Rose Trᵉ ou Passe R.	V	De sept. jusqu'à la fin d'avril.
		Sainfoin d'Espagne..	V	Au printemps et en automne.
		Saponaire..........	V	Id. id.
		Scabieuses.........	B	Id. id.
	F	Seneçon...........	B	De février jusqu'à la fin juin.
PC	F	Sensitives	VF	De mars à la fin de juin.
PC		Silène............	A	De novembre à la fin de mars.
	F	Soleil ou Tournesol.	A	De mars à la fin de mai.
		Soucis............	B	Au printemps et en automne.
	F	Tabac de Virginie ..	B	De février à la fin de mai.
	F	Tagését. ou OEil. d'I.	A	De mars à la fin de juin.
	F	Id. Pass-vel.	A	Id. id.
		Thlaspi...........	A	De septembre à la fin d'avril.
		Véronique à épis....	V	Au printemps et en automne.
	F	Verveine de Miquel.	VF	De février à la fin de juin.
		Violette des 4 saisons	V	Au printemps et en automne.
	F	Ximénésie.........	A	De mars à la fin de juin.
		Zinnia variée.......	A	De février à la fin de juin.

AVIS.

Comme ces graines craignent en partie la moindre gelée, on doit semer, sous châssis et dans des pots, dans le courant de février, toutes celles qui sont désignées à la seconde colonne par la lettre *F*, pour être ensuite transplantées dans le courant de mars, lorsqu'on n'aura plus à craindre des gelées.

PLANTES BULBEUSES

ET

OGNONS A FLEURS.

NATURE DES PLANTES.	ÉPOQUE à laquelle elles doivent être mises en terre.
Allium moly ou doré....	Depuis le 1er octobre jusqu'à la fin février.
Amaryllis..............	Depuis le 1er novembre jusqu'à la fin mars.
Anémones..............	De septembre jusqu'à la fin de février.
Antholyse.............	Septembre et octobre.
Cyclemens.............	De septembre jusqu'à la fin de novembre.
Crocus ou Safran.......	Septembre et octobre.
Dahlia................	Depuis le 15 février jusqu'à la fin d'avril.
Fritillaire............	Septembre et octobre.
Gladiolus	Id. id.
Jacinthes	Dep. le com. d'octobre jusqu'à fin février.
Jonquille	De septembre à la fin de novembre.
Iris..................	De septembre à la fin de décembre.
Lis..................	Id. id.
Muscari	D'octobre à la fin de janvier.
Narcisse..............	De septembre jusqu'à la fin de décembre.
Renoncule............	De septembre jusqu'à la fin de février.
Scille................	Depuis le 15 sept. jusqu'à la fin janvier.
Tulipes	Depuis le 1er nov. jusqu'à la fin de janvier.
Tubéreuse............	Depuis le 1er mars jusqu'à la fin de mai.

Les Ognons à fleurs qui sont mis en terre dans les premiers mois annoncés à l'article des plantes bulbeuses produisent de meilleur sucet que ceux qui sont plantés dans l'arrière saison.

ÉPOQUE

DES SEMIS

A FAIRE DANS LE COURANT DE L'ANNÉE.

JANVIER.

Graines Potagères.

Laitues longues d'été.	Laitues rondes.
Laitues romaines.	Pommes-d'amour.
Poivrons.	Chou cabus précoce.
Persil.	Cerfeuil.
Epinards.	Pois.
Fèves.	Céleri plein blanc.
Céleri rouge.	Roquette.
Cresson Alenoi.	Ciboule.
Asperges.	Chicorée amère.
Chicorée à café.	Raves longues blanches.
Radis gros noir.	

Graines de Fleurs.

Adonide d'été.
Cupidone bleue.
Digitales variées.
Pois-fleurs.
Giroflée variée.
Lin vivace.
Matricaire.
Melilot odorant.
Mufle de veau.
OEillet varié.
Pied d'alouette.
Passe-rose variée.
Thlaspi.
Soucis variés.

Crespis varié.
Dahlia.
Gesse de Tanger.
Giroflée de Mahon.
Lavatère.
Liseron tricolor.
Mauve en arbre.
Molène purpurine.
Nigelle variée.
Pavot.
Pensée variée.
Silène.
Coquelicot.

Ognons à Fleurs.

Allium moly.
Jacinthes variées.
Muscari.
Narcisse.
Soleil d'or.
Anémone variée.

Amaryllis variée.
Scille.
Tulipes.
Avant-Jonquille.
Renoncule variée.
Ornithogale.

FÉVRIER.

Graines Potagères.

Asperges.
Cresson Alenoi.
Chou navet.
Carottes.
Fèves.
Concombre.
Chicorée amère.
Laitues diverses.
Melon.
Roquette.
Poivrons.
Moutarde.
Poirée.
Pommes-d'amour.
Oseille.

Chou cabus.
Blettes.
Epinard.
Ciboules.
Cerfeuil.
Gombaud.
Courges.
Céleri.
Persil.
Mélongène ou Aubergine.
Radis et Raves.
Pois assortis.
Navet hâtif.
Salsifis et Scorsonère.
Pommes de terre.

Graines de grande culture.

Dactyle pelotonné.
Ray grass d'Italie.
Ajonc marin.

Fromental.
Ray grass d'Angleterre.
Féverolle.

Gesse cultivée.
Ers.
Lupuline.
Pois gris.
Sainfoin (Esparcette).
Trèfle blanc de Hollande.
Vesces.
Chicorée sauvage.
Carottes fourragères.
Raifort champêtre.
Moutarde.
Pimprenelle.

Graines de Fleurs.

Adonide d'été.
Aconit ou Napel.
Ancolie variée.
Anthémis d'Arabie.
Bénoite écarlate.
Campanule variée.
Capucine (semer en pot).
Chrysanthème.
Clarkie élégante.
Clématite.
Coquelicot.
Coquelourde.
Coréopsis élégant.
Crespis variée.
Cupidone.
Courge (semer en pot).
Dahlia (semer en pot).
Digitales.
Enothère.
Gesse de Tanger.
Giroflée variée.
Gelie.
Lavatère variée.
Lin vivace.
Liseron tricolor.
Melopes à trois lobes.
Matricaire.
Mauves variées.
Melilot varié.
Molène purpurine.
Mufle de veau.
Nigelle variée.

Œillets variés.	Pavots.
Petunia.	Pied d'alouette.
Pensées.	Réséda.
Rose tremière variée.	Sainfoin d'Espagne.
Saponaire.	Scabieuse.
Silène variée.	Souci.
Tabac.	Thlaspi.
Verveine de Miquelon.	Violette des 4 saisons.

Ognons à Fleurs.

Allium moly ou doré.	Amaryllis variée.
Anémone.	Dahlia.
Jacinthes variées.	Muscari
Renoncule.	Scille.
Tulipes.	

MARS.

Graines Potagères.

Asperges.	Blette ou Belle-dame.
Betteraves.	Carottes.

Vesce.
Betteraves champêtres.
Carotte fourragère.
Moutarde.
Pimprenelle grande.
Sorgho (gros Millet).

Chicorée sauvage.
Betteraves à sucre.
Raifort champêtre.
Colza.
Maïs de toute espèce.
Garance.

Graines de Fleurs.

Adonide d'été.
Amaranthe variée.
Anthémis d'Arabie.
Baguenaudier d'Ethiop.
Balsamine.
Belle de nuit.
Cacalie.
Capucine.
Casse de Maryland.
Chrysanthème variée.
Clématite.
Coquelicot.
Crespis variée.
Coréopsis.
Dahlia.
Digitales.

Aconit ou Napel.
Ancolie des jardins.
Athanasie annuelle.
Balisier.
Basilic.
Bénoite variée.
Campanule.
Carthame des teinturiers.
Centaurée variée.
Clarkie élégante.
Cobea.
Coquelourde.
Cosmos bipinné.
Courges de diverses esp.
Datura.
Enothère.

Fraxinelle.
Gesse de Tanger.
Gelie.
Glaciale.
Héliotrope.
Ipomée ou Liseron.
Lavatère.
Liseron tricolor.
Mélopes.
Mauves assorties.
Mufle de veau.
OEillets variés.
Persicaire.
Petunia.
Pensée.
Réséda.
Rose trem. (passe-rose).
Saponaire.
Seneçon.
Silène.
Souci.
Tagétès ou OEil. d'Inde.
Véronique.
Verveine.

Gaillarde vivace.
Giroflée de Mahon.
Giroflée variée.
Haricot d'Espagne.
Immortelle variée.
Ketmie vésiculeuse.
Lin vivace.
Lunaire.
Matricaire.
Mélilot.
Nigelle.
Pavot.
Pervenche.
Pied d'alouette.
Passe-velours.
Reine-Marguerite.
Sainfoin d'Espagne.
Scabieuse.
Sensitive.
Soleil ou Tournesol.
Tabac.
Thlaspi.
Violette.
Zinnia variée.

Plantes Bulbeuses.

Amaryllis.
Tubéreuse.

Dahlia.

AVRIL.

Graines Potagères.

Blette.

Carottes.

Cerfeuil.

Chicorée amère.

Concombre.

Courges.

Epinards.

Gombaud.

Laitues assorties.

Melongène.

Pastèques.

Poivrons.

Poireau.

Pommes de terre.

Raves.

Betteraves.

Céleri.

Chicorée frisée.

Choux de diverses esp.

Cornichons.

Cresson de fontaine.

Fraisiers.

Haricots (diverses esp.).

Melons.

Oseille.

Persil.

Pimprenelle.

Pois.

Pommes d'amour.

Salsifis.

Graines de grande culture.

Dactyle pelotonné.

Ray-grass.

Fromental.

Lupin.

Luzerne.	Sainfoin.
Trèfle commun.	Trèfle blanc.
Vesce du printemps.	Chicorée sauvage.
Betteraves.	Carottes à collet vert.
Chou Colza.	Pimprenelle.
Maïs.	Sorgho.
Garance.	

Graines de Fleurs.

Adonide d'été.	Aconit ou Napel.
Amaranthe.	Ancolie variée.
Anthémis.	Baguenaudier d'Ethiop.
Balisier.	Balsamine.
Basilic.	Belle de nuit.
Bénoite écarlate.	Coquelicot.
Campanule.	Capucine.
Carthame de teinturier.	Casse de Maryland.
Centaurée.	Chrysanthème.
Clarkie élégante.	Clématite.
Cobée.	Coquelicot.
Coquelourde.	Coréopsis variée.
Cosmos.	Corbeille dorée.
Crespis variée.	Cynoglosse.
Dahlia.	Datura.
Digitales.	Enothère.

Fraxinelle.
Giroflée variée.
Glaciale.
Héliotrope.
Ipomée ou Liseron.
Lavatère.
Liseron tricolor.
Mélopes.
Mauves.
Molène.
Nigelle.
Persicaire.
Petunia.
Passe-velours.
Reine-Marguerite.
Sainfoin.
Sensitive.
Soleil ou Tournesol.
Thlaspi.

Giroflée de Mahon.
Gélie.
Haricot d'Espagne.
Immortelle.
Kelmie vésiculeuse.
Lin vivace.
Lunaire.
Matricaire.
Mélilot.
Mufle de veau.
Œillet d'Inde.
Pervenche.
Pensée.
Réséda.
Rose tremière.
Scabieuse.
Silène.
Souci.
Zinnia.

Plantes Bulbeuses.

Amaryllis.
Tubéreuse.

Dahlia.

MAI.

Graines Potagères.

Blettes.

Carottes.

Chicorée sauvage.

Chicorée frisée.

Chou (diverses espèces). Ciboule.

Cerfeuil.

Cresson.

Epinards.

Fraisier.

Gombaud.

Haricots (divers).

Laitues diverses.

Oseille.

Persil.

Poireaux.

Pourpier.

Raiponce.

Radis.

Pommes-d'amour.

Grandes cultures.

Ray grass Anglais.

Betteraves champêtres.

Chou Colza.

Pimprenelle.

Maïs.

Blé noir ou Sarrasin.

Sorgho.

Garance.

Graines de Fleurs.

Amaranthe.

Basilic.

Capucine.

Giroflée.

Héliotrope.

Œillets d'Inde.

Pétunia.

Reine-Marguerite.

Tournesol.

Balsamine.

Belle-de-nuit.

Courge.

Haricot d'Espagne.

Immortelle.

Pervenche.

Réséda.

Sensitive.

Zinnia.

Plantes Bulbeuses.

Amaryllis.

Tubéreuses.

JUIN.

Graines potagères.

Carottes.
Chicorée amère.
Chou cabus d'hiver.
Chou Brocoli.
Ciboule.
Epinards.
Laitues assorties.
Persil.
Pourpier.
Radis.

Cerfeuil.
Chicorée frisée.
Chou-fleur du carême.
Chou vert.
Cresson Alenoi.
Haricots assortis.
Oseille.
Poireaux.
Raiponce.

Grandes cultures.

Navette.
Sorgho.

Blé noir ou Sarrasin.

Graines de Fleurs.

Amaranthe.

Capucine.

Immortelle.

Œillet d'Inde.

Zinnia.

Balsamine.

Haricot.

Liseron.

Reine-Marguerite.

JUILLET.

Graines Potagères.

Chicorée.

Chicorée frisée.

Chicorée Scarole.

Cerfeuil.

Haricots.

Mâche.

Oignon blanc.

Persil.

Pourpier.

Carottes.

Choux divers.

Ciboule.

Epinards.

Laitues.

Navets.

Oseille.

Poireau.

Radis.

Grandes cultures.

Trèfle incarnat.
Colza.
Blé noir.

Navette.
Spergule.

Graines de Fleurs.

Corbeille dorée.
Campanule.
Digitales.
Gélie.
Œillet.
Réséda.
Soucis.

Coquelourde.
Croix de Malte.
Giroflée.
Lavatère.
Œillet de poète.
Rose trémière.

AOUT.

Graines Potagères.

Chicorée frisée.
Chicorée scarole.
Chou d'Yorck.
Carottes.
Haricot Bouquetier.
Mâche.
Oseille.
Persil.
Poirée.

Cresson.
Cerfeuil.
Ciboule.
Épinards.
Laitues.
Navets.
Oignons.
Pourpier.

Grandes cultures.

Trèfle incarnat.
Spergule.

Navette.

Graines de Fleurs.

Corbeille dorée.
Coquelourde.
Croix de Malte.
Giroflées.
Lavatère.
Œillet de Poète.
Rose trémière.

Capucines.
Campanule
Digitales.
Gélie.
Œillet.
Réséda.
Soucis.

SEPTEMBRE.

Graines Potagères.

Asperges.
Chicorées assorties.
Carottes.
Epinards.
Mâche.

Cerfeuil.
Cresson.
Choux d'York.
Laitues rougettes.
Ognon rouge.

Oseille.

Persil.

Pimprenelle.

Pois.

Radis et Raves.

Grandes cultures.

Dactyle pelotonné.

Fromental.

Ray-grass d'Italie.

Ray-grass Anglais.

Lupuline.

Luzerne.

Sainfoin.

Trèfle incarnat.

Trèfle blanc.

Vesce.

Chicorée sauvage.

Moutarde.

Navette.

Colza.

Pimprenelle.

Graines de Fleurs.

Anémone.

Ancolie.

Adonide d'été.

Aconit ou Napel.

Bénoite écarlate.

Campanule.

Coquelicot.

Capucine en pot.

Coquelourde.

Coréopsis.

Crespis variée.
Gaura biennis.
Gesse ou Pois-fleur.
Giroflée variée.
Lin vivace.
Mélope.
Mauve.
Nigelle.
Petunia.
Pieds-d'alouette.
Pensée.
Rose tremière.
Saponaire.
Silène.
Thlaspi.

Digitales.
Gaillarde vivace.
Giroflée de Mahon.
Lavatère.
Liseron tricolor.
Matricaire.
Mufle de veau.
Œillets variés.
Pavot.
Primevère.
Réséda.
Sainfoin d'Espagne.
Scabieuses.
Soucis.
Violette.

Ognons à Fleurs.

Allium Moly.
Antholyze.
Crocus.
Gladiolus.
Jonquilles.
Lis assortis.
Narcisses.
Tulipes.

Anémones.
Cyclamens.
Fritillaire ou cour. imp.
Jacinthes assortis.
Iris assortis.
Muscaris.
Renoncules diverses.

OCTOBRE.

Graines Potagères.

Asperges.	Cerfeuil.
Chicorée amère.	Chou d'York.
Cresson Alenoi.	Epinards.
Fèves.	Oseille.
Persil.	Pois.
Radis.	Roquette.

Grandes cultures.

Dactyle pelotonné.	Fromental.
Ray-grass Anglais.	Ray-grass d'Italie.
Sainfoin.	Trèfle ordinaire.
Trèfle blanc de Hollan.	Vesce.
Pimprenelle.	

Graines de Fleurs.

Anémone.
Adonide d'été.
Bénoite écarlate.
Coquelicot.
Coquelourde.
Crespis variée.
Gaura biennis.
Gesse ou Pois-fleur.
Giroflée variée.
Lin vivace.
Mélope.
Mauve.
Nigelle.
Petunia.
Pieds d'alouette.
Pensée.
Rose tremière.
Saponaire.
Silène.
Thlaspi.

Ancolie.
Aconit ou Napel.
Campanule.
Capucine en pot.
Coréopsis.
Digitales.
Gaillarde vivace.
Giroflée de Mahon.
Lavatère.
Liseron tricolor.
Matricaire.
Mufle de veau.
OEillets variés.
Pavot.
Primevère.
Réséda.
Sainfoin d'Espagne.
Scabieuses.
Soucis.
Violette.

Ognons à Fleurs.

Allium Moly.
Antholyze.
Crocus.
Gladiolus.
Jonquilles.
Lis assortis.
Narcisses.
Tulipes.

Anémones.
Cyclamens.
Fritillaire ou cour. imp.
Jacinthes assortis.
Iris assortis.
Muscaris.
Renoncules diverses.

NOVEMBRE ET DÉCEMBRE.

Graines Potagères.

Cresson.
Chicorée.
Fèves.

Pois.
Pimprenelle.
Raves.

Cerfeuil.
Epinards.
Laitues.

Poirée.
Roquette.
Radis.

Graines de Fleurs.

Adonide d'été.
Coréopsis.
Gesse de Tanger.
Giroflée variée.
Liseron tricolor.
Matricaire.
Nigelle.
Petunia.
Pied-d'alouette.

Coquelicot.
Crespis variée.
Giroflée de Mahon.
Lavatère.
Mufle de veau.
Mélilot.
Pavot,
Pensée.
Silène.

Ognons à Fleurs.

Allium Moly.
Anémone,
Jacinthe.
Iris.
Muscari.
Renoncule.
Tulipes.

Amaryllis.
Cyclamen.
Jonquille.
Lis.
Narcisse.
Scille.

TABLE

GÉNÉRALE DES MATIÈRES.

GRANDE CULTURE

FOURRAGES

DE DIVERSES FAMILLES.

GRAINES POTAGÈRES.

GRAINES DE FLEURS.

PLANTES BULBEUSES ET OGNONS A FLEURS.

ÉPOQUE

DES SEMIS A FAIRE DANS LE COURANT DE L'ANNÉE.

9 782329 585376